Stefan Seehagen

Agrarräume Lateinamerikas: 'Cash Crops' und gentechnologische Veränderung von Nutzpflanzen als Entwicklungschance?

GRIN Verlag

Bibliografische Information der Deutschen Nationalbibliothek:

Die Deutsche Bibliothek verzeichnet diese Publikation in der Deutschen National-
bibliografie; detaillierte bibliografische Daten sind im Internet über http://dnb.d-
nb.de/ abrufbar.

Impressum:

Copyright © 2005 GRIN Verlag GmbH
Druck und Bindung: Books on Demand GmbH, Norderstedt Germany
ISBN: 978-3-656-69260-7

Agrarräume Lateinamerikas: „Cash Crops" und gentechnologische Veränderung von Nutzpflanzen als Entwicklungschance?

Stefan Seehagen

Inhalt

Tabellen- und Abbildungsverzeichnis

1 Einführung

Lateinamerika gilt als verstädterter Kontinent. Trotz der großen Bedeutung der Städte – 1990 lebten etwa 72% der Bevölkerung in städtischen Zentren – und der eindeutigen ökonomischen Verschiebung vom ehemals dominierenden Agrarsektor hin zu Industrie- und Dienstleistungsbereich, spielt die Landwirtschaft von Mexiko bis Feuerland nach wie vor eine wichtige Rolle für Gesellschaft, Wirtschaft und nicht zuletzt für die Umwelt (vgl. WALDMANN u. NOLTE 2000: 23).

Ziel dieser Arbeit ist die Beurteilung der Entwicklungschancen, die sich aus der Landwirtschaft ergeben. Hierbei wird – wie bereits aus dem Titel ersichtlich – in erster Linie auf die Bedeutung von Cash Crops und gentechnologisch veränderten Nutzpflanzen, also auf dem Weltmarkt gehandelten Anbauprodukten, eingegangen.

Eine umfassende Bearbeitung dieser Thematik erfordert zunächst die Klärung, was die angestrebte Entwicklung einzelner Länder bzw. Regionen eigentlich beinhalten soll. Nachdem dieses im folgenden Abschnitt beschrieben wird, liefert Kapitel 3 einen Überblick über die Agrarräume Lateinamerikas hinsichtlich struktureller Probleme und aktueller Tendenzen. In Kapitel 4 wird auf die Bedeutung der exportorientierten Cash Crops und gentechnisch veränderten Nutzpflanzen auf dem Weltmarkt, sowie auf die Stellung Lateinamerikas auf demselben eingegangen, wobei der ebenfalls darzustellende Food-Regime-Ansatz die theoretische Basis liefert. Die konkrete Erörterung der Entwicklungschancen erfolgt schließlich in Kapitel 5 anhand traditioneller Cash Crops wie Bananen und Kaffe sowie an neuen dynamischen Weltmarktprodukten wie Soja, Zitrusfrüchten und Schnittblumen, bevor im Fazit mit Hilfe einer kurzen Zusammenfassung der Ergebnisse eine Antwort auf die Fragestellung geliefert wird.

2 Aspekte der angestrebten Entwicklung

Zu Beginn der Überlegungen stellt sich die Frage nach der zu betrachtenden Maßstabsebene. Dass die gesamte Landmasse südlich der USA nicht als Einheit betrachtet werden kann, liegt auf der Hand. Aber auch die Auffassung einzelner Volkswirtschaften als einheitliche Räume geht an der Realität vorbei. Während Modernisierungs- und Dependenztheorien die Ursachen für Unterentwicklung sowie die Möglichkeiten der nachholenden Entwicklung für ganze Länder zu beleuchten versuchten, wird die Theorie der

„fragmentierenden Entwicklung" eher den aktuellen Tendenzen von Liberalisierung, Deregulierung, Privatisierung und entgrenzten Märkten gerecht. Sie besagt, vereinfacht dargestellt, dass sich bei voranschreitendem globalen Wettbewerb zum einen *Acting Global Cities*, also die Schaltstellen der weltweiten ökonomischen Vorgänge, zum zweiten *Affected Global Cities*, also Industrie-, Rohstoff- und Nahrungsmittelstandorte, und zum dritten eine *New Peripheriy*, also eine ausgegrenzte Restwelt, herausbilden wird. Konsequenz dieser Entwicklung ist die nachlassende Bedeutung staatlicher Grenzen und politischer Institutionen (vgl. SCHOLZ 2003: 7). Diesem Ansatz folgend, kann das Entwicklungsziel hinsichtlich der Agrarwirtschaft Lateinamerikas nur darin bestehen, durch effiziente und lokal angepasste Produktion einerseits die Bedürfnisse der einheimischen Bevölkerung zu decken, und andererseits als wettbewerbsfähiger Anbieter auf dem Weltmarkt aufzutreten. Auf diese Weise könnten sich viele ländliche Regionen aus dem *Meer der Armut* herausbewegen und zu globalisierten Produktionsstandorten des primären Sektors werden. Die zu erreichen Entwicklungsziele solcher Räume umfassen unter anderem (vgl. ANDERSEN 2005b: 8f):

a) binnenökonomisch:

Eines der verfolgten Hauptziele ist sicherlich die allgemeine Wohlstandssteigerung, messbar im Einkommen bzw. in der realen Kaufkraft pro Kopf, wobei eine möglichst gleichmäßige Verteilung anzustreben ist. Sehr wichtig ist außerdem eine Erhöhung der Spar- und Investitionstätigkeit. Dazu ist natürlich eine Einkommenssteigerung notwendig, andererseits gilt es aber auch die aktuelle Kapitalflucht zu einzudämmen und die Voraussetzung für Innovationen zu schaffen. Für ein nachhaltiges Wachstum des landwirtschaftlichen Exportsektors ist zudem ein Ausbau der Verkehrs- und Kommunikationsinfrastruktur notwendig. Weiteres Entwicklungsziel ist eine Reduzierung der offenen und verdeckten Arbeitslosigkeit und als Voraussetzung dessen eine Verringerung des Analphabetismus.

b) außenwirtschaftlich:

Zur Verbesserung der Position auf dem Weltmarkt sollte eine Diversifizierung der Exportpalette angestrebt werden. Die stärkere Ausrichtung auf aktuelle Trends und die rasche Reaktion auf veränderte Konsummuster in den Abnehmerregionen verbessern die Terms of Trade und reduzieren die einseitige Abhängigkeit von den stark schwankenden Weltmarktpreisen für Agrargüter. Bei der Entwicklung ist außerdem eine stärkere Unabhängigkeit von transnationalen Konzernen anzustreben.

c) ökologisch

Ziel sollte unbedingt die Erhaltung eines funktionierenden Ökosystems sein, dessen Bestandteil Boden schließlich die Grundlage landwirtschaftlicher Produktion darstellt. Die Problematik bestimmter Anbauformen wird an späterer Stelle berücksichtigt.

d) sozial

Nochmals zu betonen ist an dieser Stelle die Verringerung der Gegensätze zwischen Arm und Reich. Oftmals ist diese Forderung eher im Bereich der Sozialromantik anzusiedeln, bestimmte Rahmenbedingungen können die massive Benachteiligung der unteren Schichten jedoch verringern. Hier seien konkrete Sozialstandards genannt, deren Wirkungsweise an späterer Stelle noch genauer erläutert wird. Mit diesen ist schließlich auch eine gewisse Erhöhung sozialer Mobilität zu erreichen, die als Voraussetzung zur Partizipation breiterer Schichten an steigendem Wohlstand gelten kann.

Die Erreichung dieser, zum größten Teil durchaus messbaren Ziele, ist der entscheidende Faktor für eine Entwicklung, wie sie auch von der Weltbank gefordert wird. Folgende Abbildung zeigt der ökonomischen, der ökologischen und der sozialen Entwicklung die drei Dimensionen nachhaltiger Entwicklung. Das Modell ist zwar aufgrund der Konflikte bei gleicher Berücksichtigung der drei Komponenten durchaus zu kritisieren, es bildet aber eine Basis für umfassende Entwicklungsansätze.

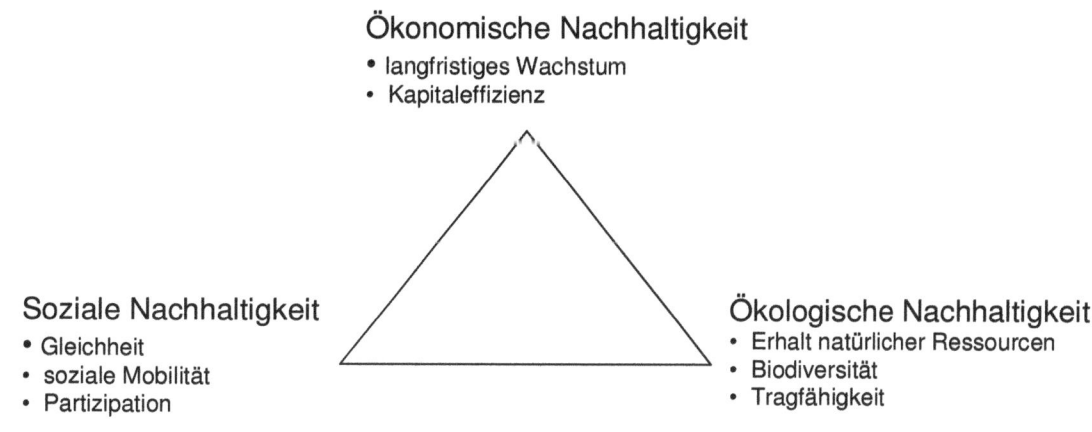

Abbildung 1: Das Nachhaltigkeitsdreieck der Weltbank

Quelle: eigene, veränderte Darstellung nach BOHLE u. GRANER 1997: 735

Die hier vorgestellte Auffassung von Entwicklung und relevantem Betrachtungsmaßstab dient später zur Beurteilung der Entwicklungschancen durch die Produktion und den Export von (gentechnologisch veränderten) Cash Crops.

3 Die Agrarräume Lateinamerikas

Um im weiteren Verlauf dieser Arbeit die Entwicklungschancen aufzuzeigen, werden zunächst allgemein die strukturellen Probleme der ruralen Räume erläutert, bevor auf aktuelle Veränderungstendenzen Bezug genommen wird. Auf eine Beschreibung der naturräumlichen Voraussetzungen für die Landwirtschaft in Lateinamerika wird an dieser Stelle verzichtet, im Rahmen der Fallbeispiele des Kapitel 5 kommen einzelne physisch-geographische Aspekte zum Tragen.

3.1 Problemfelder der Landwirtschaft

Wie bereits angedeutet, kann nicht von *dem* Agrarsektor gesprochen werden. Sowohl transnational als auch innerhalb einzelner Staaten ist der primäre Sektor von großer struktureller Heterogenität geprägt. So existieren hauptstadtnahe, im Küstenbereich gelegene Aktivräume einerseits, und weite Passivräume im Hinterland andererseits. Bezüglich der Besitzverhältnisse stehen Klein- und Kleinstparzellen riesigen Gütern gegenüber; Subsistenzwirtschaft findet sich in unmittelbarer Umgebung zum hochtechnisierten exportorientierten Agrobusiness. Folgende Aspekte können als länderübergreifende Phänomene des primären Sektors in Lateinamerika gelten:

3.1.1 Geringe Produktivität

Einem Beitrag des Agrarsektors von etwa 10% zum BIP Lateinamerikas standen im Jahr 1995 26% der Erwerbstätigen in diesem Sektor gegenüber. Dies deutet auf eine relativ geringe Produktivität hin, die unter anderem mit der stark verbreiteten verdeckten Arbeitslosigkeit, mit einem hohen Anteil tage- oder saisonweise Beschäftiger, einer großen Zahl technologisch rückständiger Klein- und Kleinstbetriebe, aber auch mit großflächigen Betrieben extensiver Weidewirtschaft zu begründen ist. Zwar wies die Landwirtschaft in jüngere Vergangenheit durchaus ein Wachstum aus – so etwa zwischen 1950 und 1980 3,3% und zwischen 1990 und 1995 2,7% – dieses Ergebnis geht aber zum größten Teil auf die Ausweitung der Anbauflächen und nicht auf die Ertragssteigerung mittels verbesserter Anbaumethoden zurück. Die geringen Produktivitätsfortschritte erwiesen sich somit als kaum ausreichend, den quantitativ und qualitativ gestiegenen Nahrungsmittelbedarf, insbesondere der städtischen Bevölkerung, zu befriedigen. Diesen durchschnittlichen und somit pauschalisierenden Werten stehen natürlich die nach industriellen Methoden produzierenden

Exportbetriebe gegenüber, die jedoch später genauer thematisiert werden (vgl. WALDMANN 2000: 30).

3.1.2 Betriebssysteme und Besitzverhältnisse

Das vorherrschende Thema bei jeglicher Auseinandersetzung mit der lateinamerikanischen Agrarstruktur ist sicherlich die ungleiche Verteilung des Bodens. In den meisten Ländern Lateinamerikas überwiegen zahlenmäßig kleine und Kleinstbetriebe (Minifundien), die jedoch nur einen geringen Teil der Nutzfläche bewirtschaften. Diese Situation wir oftmals durch das System der Realteilung, und damit durch eine fortschreitende Verkleinerung der Einheiten, verschärft. Demgegenüber steht der Großgrundbesitz (Latifundium), bei dem auf eine vergleichsweise kleine Zahl von Betrieben im Extremfall bis zu zwei Drittel der gesamten landwirtschaftlichen Nutzfläche entfallen (vgl. DÜNCKMANN 1998: 649).

Als kolonialistische Form des Feudalismus entstand in weiten Teilen Lateinamerikas die *Hazienda*. Dieses Betriebssystem ist durch eine vielstufige soziale Schichtung gekennzeichnet, an deren Spitze der Landeigentümer (Patron) steht. Es folgt ein Verwalter (Mayordomo), spezialisierte Fachkräfte und schließlich die Lohnarbeiter und Pächter. Kennzeichnend für die Hazienda sind eine geringe soziale Mobilität, eine Abgeschlossenheit nach außen und die Abhängigkeit der Pächter bzw. Minifundisten vom Latifundium, in das sie als Entgelt für private Landnutzung ihre Arbeitskraft einbringen müssen. Relativ geringem Kapitaleinsatz steht ein hoher Arbeitseinsatz gegenüber, was zu der bereits beschriebenen geringen Produktivität führt. Das Haziendasystem, das nach den umfangreichen Landreformen im 20. Jh. nur noch in wenig entwickelten Gebieten anzutreffen ist, steht somit klar der oben beschriebenen gewünschten Entwicklung entgegen (vgl. SICK 1997: 92).

Während die Hazienda eher auf extensiver Bodenbewirtschaftung und Selbstversorgung mit geringer Marktproduktion beruht, kann die *Plantage* als moderne Form des Agrarkapitalismus bezeichnet werden, die als kapitalintensiver Großbetrieb hochwertige Produkte für den Inlands- und Weltmarkt liefert. Der Anbau erfolgt meist in Monokultur und umfasst Produkte wie Zuckerrohr, Kaffee, Bananen oder Kautuschuk. Diese Wirtschaftsweise bedingt eine große Abhängigkeit von den schwankenden Weltmarktpreisen und führt zu einseitiger Bodenbeanspruchung. Auch werden Gewinne aus der Produktion entweder durch ausländische Kapitaleigner abgeführt. Eine soziale Mobilität ist ebenfalls nicht gegeben, angeworbene Arbeitskräfte oder Leiharbeiter finden oftmals nur tage- oder wochenweise

Beschäftigung. Einer nachhaltigen Entwicklung steht somit auch die Plantage eher entgegen, wie auch die Fallbeispiele in Kap. 5 zeigen (vgl. BORCHERT 1996: 137).

Also Mischform zwischen Plantage und Hazienda kann die Betriebsform der *Ranch* oder *Estancia* bezeichnet werden. Sie findet sich vor allem in den argentinischen Grassteppen und den venezolanischen Halbwüsten. Bei Rinderhaltung in extensiver Form ähnelt diese Form eher der Hazienda, während die hoch spezialisierten Mastbetriebe in Großstadtnähe eher dem Typus der Plantage – allerdings mit dem Ziel der Fleischproduktion – entsprechen. Es besteht auch hier eine klare Exportorientierung, die wiederum zu den oben beschriebenen Abhängigkeiten führt, was insbesondere bei protektionistischen Maßnahmen der potenziellen Abnehmerländer zu Absatzproblemen führen kann (vgl. SICK 1997: 162).

Das bereits genannte Minifundium als landwirtschaftlicher Kleinstbetrieb ist im Gegensatz zu den eben beschriebenen Formen durch wenig Kapital, unzureichende landwirtschaftliche Kenntnisse, geringe Erträge und damit obligatorische Zusatzbeschäftigung gekennzeichnet. Der Anbau erfolgt teils für den lokalen Markt, teils als Nebenerwerb für die Selbstversorgung. Vielfach stehen die Kleinbetriebe in Abhängigkeit vom Großgrundbesitz. Dass diese Form der Landwirtschaft keine nennenswerten Entwicklungschancen mit sich bringt und dringend reformbedürftig ist, liegt auf der Hand (vgl. WALDMANN 2000: 33)

Neben den Extremen Latifundium und Minifundium findet sich auch mittlerer Familienbesitz. Während dieser Form traditionell eine eher untergeordnete Rolle zukam, beginnen sich mittlere Betriebe in jüngster Vergangenheit zu einem wichtigen Faktor der Landwirtschaft zu entwickeln. Dies betrifft diejenigen Betriebe, die sich dem agrartechnischen Fortschritt aufgeschlossen zeigen und flexibel auf Nachfrageveränderungen reagieren. Beispiele sind z.B. mittelgroße Obst- und Gemüseanbaubetriebe, die sich zunehmend auf urbane Märkte oder den Export spezialisieren. Diese Betriebe weisen eine vergleichsweise hohe Produktivität auf, und verhelfen breiteren Bevölkerungsteilen zu steigendem Einkommen (vgl. DÜNCKMANN 2004: 7). Regionen mit einer Verdichtung dieser Betriebsform spielen bei der Frage nach der Entwicklung eine durchaus wichtige Rolle, wie sich später noch zeigen wird.

Einen weiteren Problembereich der Landwirtschaft stellt der ökologische Aspekt dar. Bodendegradierung, Zerstörung des tropischen Regenwaldes und überhöhter Pestizideinsatz sind nur einige Stichworte. Diese Probleme ausführlich zu erläutern, würde den Umfang dieser Arbeit sprengen. Sie werden deshalb bei Behandlung der Fallbeispiele thematisiert.

3.2 Aktuelle Tendenzen

Gerade die Form der Plantage als weltmarktorientierte Betriebsform mit der Produktion von Cash Crops verliert in jüngerer Zeit zunehmend an Bedeutung. Im Zeitalter flexibler Spezialisierung beginnen die großen transnationalen Nahrungsmittelkonzerne den Anbau auszulagern und in Form des Vertragsanbaus an kleine und mittlere Betriebe weiterzugeben. Dies geschieht unter genauer vertraglicher Festlegung von Anbaumethode, Abnahmemenge, Preis, Qualität etc., wobei den Betrieben meist auch die benötigten Inputs wie Saatgut, Pestizide und Dünger bereitgestellt werden. Wie die Fallbeispiele dieser Arbeit deutlich machen, kommt diese Form der Dekonzentration durchaus den kleinbäuerlichen Betrieben zugute.

Eine weitere Tendenz besteht in der zurückgehenden Bedeutung traditioneller Cash Crops wie Kaffe, Kakao oder Kautschuk. Starke Preisschwankungen bzw. Rückgänge infolge hoher Produktionszuwächse und stagnierendem bzw. zurückgehendem Konsum sowie ein Anstieg des Süd-Süd-Handels lassen das geläufige Bild von der Plantage als Produzent für den Konsum in Industrieländern immer weniger der Realität entsprechen. Vielmehr ist ein verstärkter Anbau nicht-traditioneller Exportprodukte (NTE) wie Obst und Gemüse (z.B. Mangos, Papayas, Äpfel, Weintrauben, Tomaten) sowie Schnittblumen zu beobachten. Da der Anbau der meisten NTE sehr arbeitsintensiv und nur schlecht mechanisierbar ist, haben auch hier kleine und mittlere Betriebe, die viel unterbezahlte Familienarbeit einsetzen, Vorteile (vgl. DÜNCKMANN 2004: 6).

Die angedeutete Entwicklung wird im nächsten Abschnitt näher untersucht, indem zunächst mit dem Food-Regime-Ansatz eine theoretische Einordnung der empirischen Befunde vorgenommen wird.

4 Cash Crops und gentechnologisch veränderte Nutzpflanzen

Cash Crops sind für den (Welt)Markt erzeugte Produkte, und stehen damit im Gegensatz zu Erzeugnissen, die der Selbstversorgung dienen (vgl. LESER 1997: 120) Gentechnologisch veränderte Nutzpflanzen (gv-Pflanzen) bzw. deren Saatgut werden durch gezielte Übertragung bekannter Gene und künstlicher Erzeugung neuer Gene mittels molekularbiologischer Methoden gewonnen (vgl. BENDER ET AL. 2001: 122) . Da es sich bei den in dieser Arbeit behandelten gentechnisch veränderten Nutzpflanzen gleichzeitig um

Cash Crops handelt, wird im folgenden auf eine explizite Unterscheidung verzichtet. Beispielsweise gelten Mais, Soja, Raps und Baumwolle vor allem in ihren Hauptanbaugebieten als großteils gentechnisch verändert (vgl. FAO 2005a: 7). Auch Bananen, so etwa in Costa Rica und Mexiko, sind vielfach gentechnisch verändert. Da sich der Stand von Verboten und Zulassungen zum Anbau von gv-Pflanzen ständig ändert, und eine strikte Trennung von nicht veränderten Pflanzen fast unmöglich ist, wird im weiteren Verlauf nur noch von Cash Crops gesprochen. Auch wird auf eine Erörterung der ethischen Vereinbarkeit der Gentechnik oder ihrer unabsehbaren ökologischen Konsequenzen verzichtet. Thematisiert werden in erster Linie die Entwicklungschancen die sich durch ihren Anbau für verschiedene Regionen ergeben.

Zunächst erfolgt ein Überblick über die Entwicklung des Weltagrarmarktes und der Bedeutung von Cash Crops.

4.1 Der Food-Regime-Ansatz: Entwicklung des Weltagrarmarktes

Bereits seit der 2. Hälfte des 19. Jh. besteht ein Weltagrarmarkt. Die Art der Handelsströme hat sich seit dem jedoch mehrfach verändert. Auf der Basis der Regulationstheorie identifizierten Autoren wie ATKINS und BOWLER (2001) drei verschiedene Phasen, die sie als *Food Regimes* bezeichneten. Jeder Abschnitt steht dabei für ein bestimmtes Muster von Produktion, Handel und Konsum, das über einen gewissen Zeitraum hinweg stabil bleibt. Durch Marktmechanismen, aber auch infolge staatlicher Eingriffe, geht ein solches Gefüge irgendwann in ein anderes über, meist begleitet von politischen oder ökonomischen Krisen, wie etwa der Depression der 1930er Jahre oder der Ölkrise der 1970er Jahre.

a) 1. Food Regime

Die Zeit des ersten Food Regimes wird etwa in der Zeit von 1850 bis 1920 gesehen. Hier entwickelte sich der Weltagrarmarkt im Zuge einer beschleunigten kolonialen Expansionspolitik. In den heutigen Industrieländern waren ein Industrialisierungsschub und eine gleichzeitige zurückgehende Bedeutung der Landwirtschaft zu verzeichnen, während die klassische exportorientierte Plantagenwirtschaft ausgebaut wurde. Die Haupthandelsströme waren somit Rohstoffe in Form von Nahrungsmitteln und industriellen Rohwaren aus den Entwicklungsländern einerseits, und Fertigwaren aus den Industrieländern andererseits.

b) 2. Food Regime

Mit einem weiteren Ausbau des Weltagrarmarktes ging eine zunehmende Dominanz weltweit aktiver Konzerne wie Unilever, Del Monte oder Kellog einher. Landwirtschaft und Industrie erfuhren so eine starke Vernetzung bis hin zur Entstehung agro-industrieller Komplexe. Die Schaffung von Massengütermarkten und standardisierten Produkten in den Industrieländern wurde begleitet von einer fortschreitenden Substitution tropischer Rohmaterialien wie Kautschuk, Fasern oder Ölfrüchten. Dazu trat die mehr und mehr protektionistische Haltung der Industrieländer mit umfangreichen Agrarsubventionen und Dumpingpreisen der Überproduktion auf dem Weltmarkt. Auch in den Anbauländern wurde mittels staatlicher Kredite und Risiko abfedernder Institutionen Einfluss auf die Landwirtschaft und die Preisentwicklung bei verschiedenen Produkten genommen. Dieser Abschnitt reicht etwa bis Mitte der 1970er Jahre (vgl. BLUMENSCHEIN 2004: 35).

c) 3. Food Regime

Der Theorie nach befinden wir uns aktuell noch am Anfang eines neuen Food Regime, das auch als post-fordistisch bezeichnet wird. Wie für industrielle Produkte, ist auch für den Agrarbereich eine zunehmende Verdichtung der weltweiten Handelsbeziehungen zu verzeichnen, zudem wächst der Agrarhandel viel schneller als die Weltagrarproduktion. Fortschritte der Handelsliberalisierung und ein Rückgang protektionistischer Maßnahmen sowie technische Fortschritte in Landwirtschaft und Lebensmitteltechnologie – wie z.B. Biotechnologie und Gentechnik – sind hier die bestimmenden Faktoren. Während in den Entwicklungsländern neue Massenmärkte entstehen, ist in den Industrieländern eine zunehmende Differenzierung der Märkte zu erkennen. So entstehen bestimmte Lebensstil-spezifische- und Qualitätsmärkte; außerdem steigt das Verbraucherbewusstsein für ökologische und soziale Belange. Neben die klassischen Produkte im Süd-Nord-Handel treten vermehrt Obst, Gemüse und Schnittblumen, so dass sich die international agierenden Unternehmen flexibel und schnell an die neuen Bedingungen anpassen müssen. Langfristige Investitionen in Anbau- und Verarbeitungsbetriebe scheinen deshalb immer unvorteilhafter, so dass Vertragsanbau und global sourcing an Bedeutung gewinnen (vgl. DÜNCKMANN 2004: 5).

Die Erläuterungen zeigen die Veränderung vom klassischen Süd-Nord-Handel hin zu einem aufgrund der Diversifizierung des Konsums vielschichtigen Systems, in dem sich vor allem für kleinere und mittlere landwirtschaftliche Betriebe der Tropen und Subtropen neue

Absatzchancen bieten. Folgende Analyse stellt die Entwicklung des Weltmarktes für ausgewählte Cash Crops dar, und arbeitet die Position Lateinamerikas sowie einzelner ausgewählter Länder heraus. Zwar wurde eingangs auf die Unzweckmäßigkeit der Analyse ganzer Volkswirtschaften oder des gesamten Subkontinents hingewiesen, jedoch bietet das vorliegende Datenmaterial keine andere Möglichkeit.

4.2 Der Weltmarkt für ausgewählte Cash Crops

Die Märkte für verschiedene Cash Crops entwickelten sich sehr unterschiedlich und bieten dementsprechend verschieden starke Potenziale. Die Betrachtung des Marktes für Bananen, Kaffe, Soja und Mangos verdeutlicht diesen Umstand. Für eine Erörterung lokaler Entwicklungschancen in Kap. 4 und 5 bietet sich zunächst das Abschätzen des Marktpotenzials an, was hier für genau die Cash Crops der ausgewählten regionalen Beispiele geschieht. Folgende Darstellung zeigt die Preisentwicklung für die genannten Produkte seit Anfang der 1960er Jahre. Neben generell starken Preisschwankungen – mit Ausnahme der etwas stabileren Entwicklung bei der Banane – ist seit Mitte der 1990er Jahre ein fallender Trend zu beobachten. Dieser umfasst sowohl die traditionellen Plantagenprodukte als auch die als relativ dynamischen geltenden Cash Crops Soja und Mangos.

Weltmarktpreisentwicklung ausgewählter Cash Crops (1961 = 100)

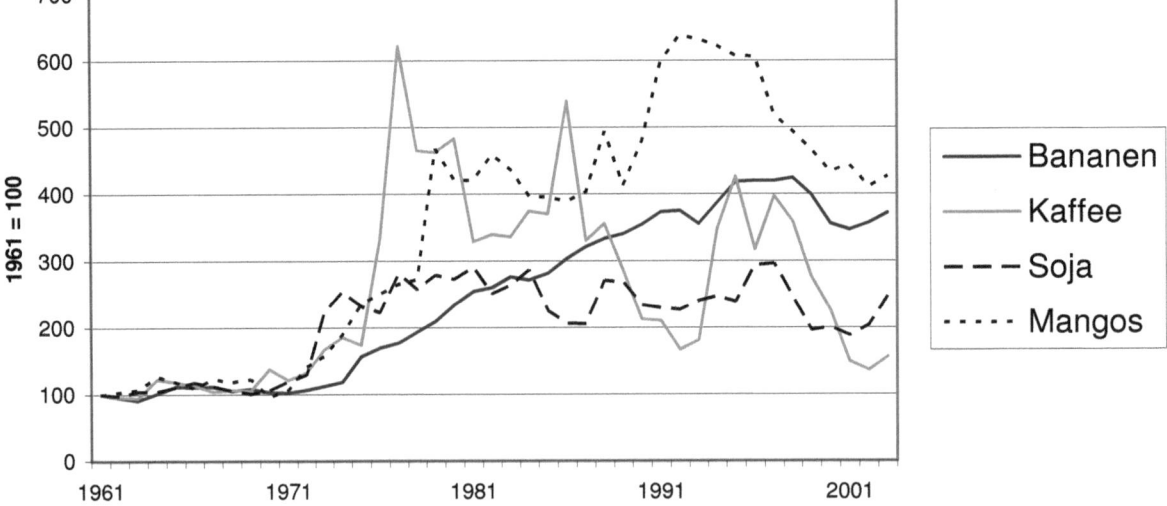

Abbildung 2: Preisentwicklung ausgewählter Cash Crops

Quelle: eigene Darstellung nach Daten der FAO

4.2.1 Bananen

Abbildung 3 zeigt die Entwicklung der Bananenproduktion und des Exports. Entgegen der Theorie des Food-Regime-Ansatzes zeigt sich eine schnellere Zunahme der Produktion gegenüber dem Handel. Dies ist vor allem durch die massive Ausweitung des Bananenanbaus in Indien bedingt (vgl. Anhang 1), der ausschließlich auf den inländischen Markt ausgerichtet ist. Auch Brasilien hat bei einem Anteil von ca. 10% an der Weltproduktion kaum nennenswerte Anteile am Weltexport. Der aus Abb. 3 und Anhang 1 hervorgehende sehr hohe Anteil Lateinamerikas an den gesamten Weltbananenexporten von 60 – 80% während der vergangenen 40 Jahre entfällt vor allem auf einige Staaten Zentralamerikas und Ecuador. So exportierten Costa Rica, Panama, Honduras und Ecuador stets zwischen 70 und 90% ihrer gesamten Produktion. Da die genannten Länder zusammen einen Anteil von mehr als 40% der Weltproduktion auf sich vereinigen, zeigt sich die große Bedeutung des Bananenanbaus für diese Volkswirtschaften (vgl. STAMM 1997: 145).

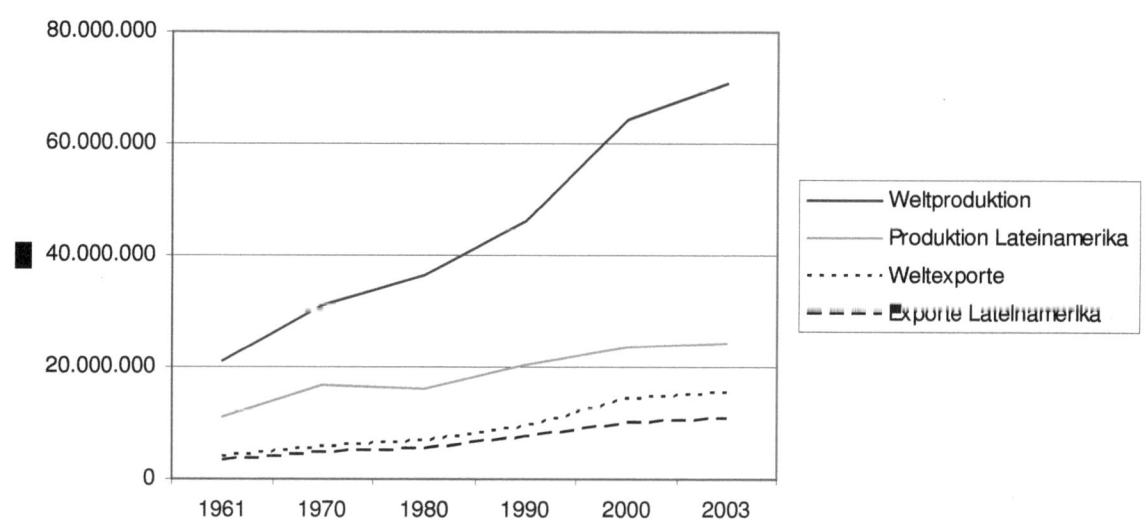

Abbildung 3: Entwicklung des Weltbananenmarktes

Quelle: eigene Darstellung nach Daten der FAO

Während in Ecuador kleinbäuerliche Betriebe mit geringer Kapitalausstattung und hoher Arbeitsintensität sowie relativ geringen Erträgen vorherrschen, dominieren in den zentralamerikanischen „Bananenrepubliken" bei Anbau und Vermarktung multinationale Konzerne. Allerdings zeigt sich der bereits angedeutete Wandel zum verstärkten

Kontraktanbau, der später nochmals zur Sprache kommen wird (vgl. NUHN 1994: 81). Für eine kurze Übersicht über den Weltmarkt ist auch die Abnehmerseite anzusprechen. Während die USA mit ca. 3,8 Mio. t (2003) als größter Abnehmer ihre gesamten Importe aus Lateinamerika beziehen, ist die EU mit 3,4 Mio. t der zweitgrößte Importeur weltweit. Bereits an dieser Stelle sei auf die damit verbundene Problematik der Abhängigkeit hingewiesen. Protektionistische Politik der ehemaligen EG und jetzigen EU zugunsten heimischer Anbaugebiete und Einfuhrquoten verzerren den Markt und benachteiligen die unter normalen Umständen wettbewerbsfähigen Anbauregionen, nicht zuletzt in Zentralamerika. Im Hinblick auf die zunehmende Liberalisierung, die letztlich auch für die EU-Bananenimporte zu erwarten ist, bietet der Weltmarkt für die Exportländer und –Regionen, nicht zuletzt aufgrund der vergleichsweise stabilen Preisentwicklung (vgl. Abb. 2), durchaus Potenzial.

4.2.2 Kaffee

Abb. 2 zeigt den drastischen Preisverfall von Kaffe auf dem Weltmarkt seit Mitte der 1990er Jahre. Die Krise auf dem Kaffeemarkt trifft hierbei vor allem die wenigen großen Produzenten. In besonderer Weise sind hier die lateinamerikanischen Staaten wie Brasilien, Kolumbien und die Länder Zentralamerikas betroffen. Folgende Tabelle verdeutlicht neben dieser Tatsache jedoch auch die Verschiebung der Exporte zugunsten Vietnams.

	1991		2001	
	Produktion *	% der Weltproduktion	Produktion *	% der Weltproduktion
Gesamt	104245	100	109318	100
Brasilien	28500	27	28137	26
Vietnam	1980	2	12600	12
Kolumbien	17980	17	11500	11
Indonesien	7100	7	6250	6
Mexiko	4620	4	5500	5
Afrika	19166	18	18207	17
Zentralamerika	13607	13	13628	12
Asien (ohne Vietnam und Indonesien)	6211	6	8478	8
Südamerika (ohne Brasilien und Kolumbien)	5081	5	5017	5

* in 1000 Säcken à 60 kg

Tabelle 1: Welt-Kaffeeproduzenten 1991 und 2001

Quelle: eigene Darstellung nach DÜNCKMANN 2002: 39

Die preisbedingte Krise auf dem Kaffeemarkt ist hierbei größtenteils selbst verschuldet. Das Problem der Überproduktion besteht seit rund hundert Jahren und wurde immer wieder durch nationale und internationale Programme zur Preisstabilisierung bekämpft. Insbesondere Marktführer Brasilien versuchte mehrmals durch seine bedeutende Rolle das Kaffeeangebot zu steuern. Entsprechend der Grundsätze des 2. Food Regime wurden beispielsweise in der ersten Hälfte des 20. Jh. große Mengen des inländischen Produktion aufgekauft, eingelagert und später vernichtet, um den Preis künstlich hoch zu halten. Anstelle der gewünschten Wirkung trat jedoch genau das Gegenteil ein: durch die relativ hohen Weltmarktpreise konnte Staaten wie Kolumbien und insbesondere Vietnam ihre Produktion aufbauen und ausweiten, so dass das Überangebot auf dem Weltmarkt sogar noch zunahm. Das Potenzial des Kaffeemarktes ist als äußerst gering zu bewerten, da mit einer Ausweitung des Konsums und einer Anpassung der Nachfrage an das Angebot auf keinen Fall zu rechnen ist (vgl. DÜNCKMANN 2002: 42).

4.2.3 Soja

Die Industrialisierung der Landwirtschaft hat Soja zu einem der wichtigsten Rohstoffe der weltweiten Agrarwirtschaft werden lassen. Die Entwicklung des Weltmarktes ist zwar durch Preisschwankungen gekennzeichnet, diese bewegen sich aber innerhalb eines deutlich kleineren Rahmens als beim Kaffee (vgl. Abb. 2). Die starke Zunahme der Produktion bei gleichzeitiger relativ stabiler Preisentwicklung zeigt das große Potenzial des Sojaanbaus.

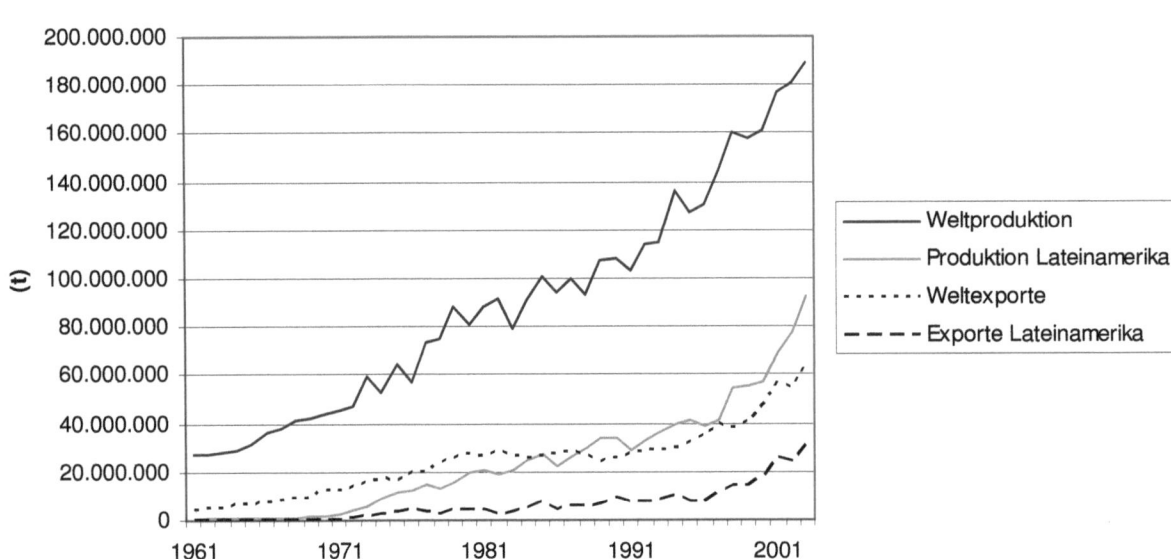

Abbildung 4: Entwicklung des Weltmarktes für Sojabohnen

Quelle: eigene Darstellung nach Daten der FAO

Dies ist vor allem in den vielfältigen Verarbeitungsmöglichkeiten von Soja begründet. Neben der Verarbeitung im Bereich menschlicher und tierischer Nahrungsmittel stellt Soja einen wichtigen Rohstoff der chemischen Industrie dar. Mit ca. 50% der Weltproduktion und der Weltexporte ist Lateinamerika gut positioniert, wobei hinsichtlich der regionalen Verteilung mit den brasilianischen Hauptanbaugebieten klare Schwerpunkte gesetzt sind.

Problematisch könnte sich in absehbarer Zeit die enorme Ausweitung der asiatischen, vor allem auf Malaysia und Indonesien konzentrierten Produktion von Palmöl auswirken. Die beiden Staaten vereinigen mehr als 80% der Weltproduktion auf sich. Da die Flächenerträge von Palmöl denen von Soja bei weitem überlegen sind, könnte Soja zunehmend durch Palmöl substituiert werden, da auch hinsichtlich der vielseitigen Anwendbarkeit keinesfalls Nachteile bestehen (vgl. SCHOLZ 2004: 13).

4.2.4 Mangos

Die Entwicklung des Weltmarktes für Mangos belegt die These der verschiedenen Food Regimes. Mit dem Übergang in die post-fordistische Struktur gingen eine Differenzierung der Konsummuster und eine Entstehung neuer Teilmärkte einher. Neue Produkte kamen zum traditionellen Süd-Nord-Handel hinzu. Für Mangos zeigt die Entwicklung des Weltmarktes ab Mitte der 1970er Jahre genau diese Entwicklung.

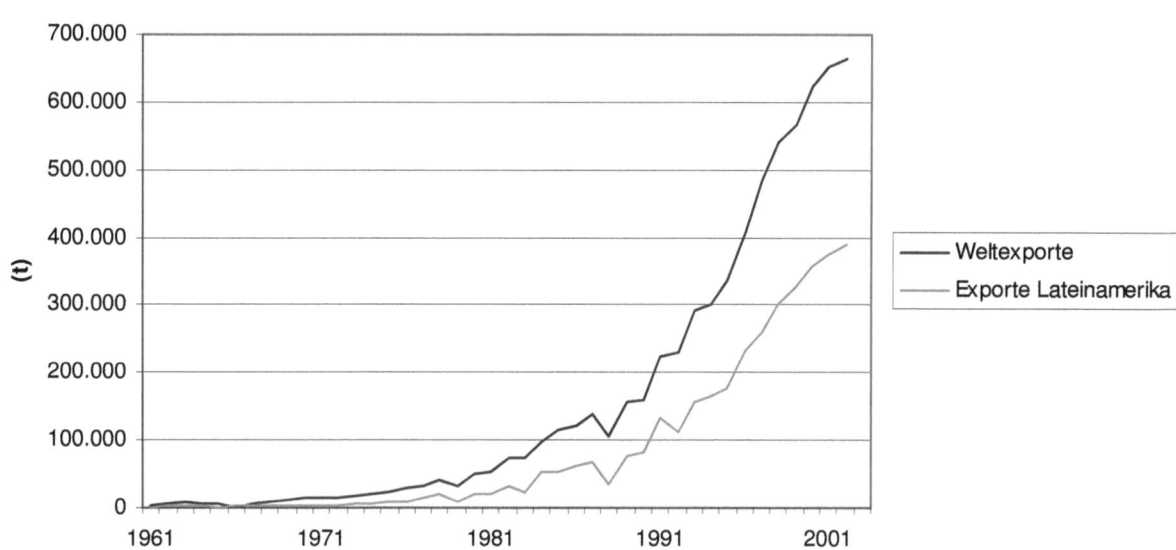

Abbildung 5: Entwicklung des Weltmarktes für Mangos

Quelle: eigene Darstellung nach Daten der FAO

Besonders der Nachfrage-Boom in Europa nach exotischen Obstsorten löste in einigen Ländern des Südens eine massive Expansion des Anbaus aus. Die auf die Tropen beschränkten lateinamerikanischen Anbauregionen liefern momentan mehr als 60% der Weltexporte. Der Weltmarkt bietet hier durchaus weiteres Potenzial, da das Problem der Einkommenselastizität, wie z.B. beim Kaffee, im Segment exotischer Früchte nicht gegeben ist. Steigender Wohlstand in Industrieländern führt hier auch zu einer steigenden Nachfrage (vgl. VOTH 2002: 28). Wie Kap. 5 zeigen wird, bieten sich für einzelne Anbauregionen hier durchaus Chancen, von dem dynamischen Weltmarkt zu profitieren.

Dieser kurze Überblick über die Weltmarktentwicklung der Cahs Crops Bananen, Kaffe, Soja und Mangos liefert den Hintergrund für die Betrachtung einzelner lateinamerikanischer Anbauregionen und der Beurteilung der sich hierdurch ergebenden Entwicklungschancen.

5 Entwicklungschancen durch Cash Crops

Wie bereits angedeutet, erfolgt bei der Erörterung der Entwicklungschancen eine Trennung in „traditionelle" und „neue" Cash Crops. Mit dem mittelamerikanischen Bananenanbau und der brasilianischen Kaffeeproduktion werden die typischen Exportprodukte untersucht,

17

während Soja, Mangos und Schnittblumen eher neue und dynamische Weltmarktprodukte darstellen.

5.1 Traditionelle Cash Crops

5.1.1 Bananenproduktion in der Zona Atlántica/Costa Rica

Durch die bisherige Dominanz multinationaler Konzerne bei der Produktion sowie beim Vertrieb von Bananen in den Hauptexportländern Zentralamerikas Honduras, Costa Rica und Panama, ist der Anbau durch hohe Erträge und starke Rationalisierung gekennzeichnet. Die bereits erwähnte aktuelle Entwicklung geht jedoch in die Richtung eines verstärkten Vertragsanbaus. Zwar kann diese Vorgehensweise auch als Risikoabwälzung durch die Konzerne kritisiert werden, es existieren jedoch auch Formen, wie Vertragslandwirtschaft zum Nutzen aller organisiert werden kann (vgl. STAMM 1998: 149). Die Vorteile für die Konzerne liegen in Form der Flexibilität und der Möglichkeit des Zurückgreifens auf das beste Angebot auf der Hand, jedoch bieten sich auch für die oftmals kleinbäuerlichen Betriebe Chancen, wie das Beispiel der Zona Atlántica in Costa Rica verdeutlicht.

a) der erste Bananenzyklus

Der Bananenanbau an der Atlantikküste Costa Ricas kann in zwei Phasen gegliedert werden, auch als Bananenzyklen bezeichnet. Der erste Zyklus reichte vom letzten Viertel des 19. Jh. bis etwa 1950. Kennzeichnend war riesige Plantagen, die als Teil einer vertikal und horizontal integrierten Produktionskette mit Verarbeitung, Kommunikations- und Transportstruktur ausschließlich im Besitz der 1899 gegründeten United Fruit Company (UFCO) waren. Die kaum mit der Wirtschaft des Gastlandes verflochtenen Enklaven nahe der Exporthäfen zeichneten sich, wie alle tropischen Plantagen, durch strenge hierarchische Organisation aus und einen nahezu vollständigen Abfluss der Gewinne aus. Nach dem Höhepunkt der Produktion an der Atlantikküste mit einer Ausfuhr von 10 Mio. Bananenbüschel über den Hafen Puerto Limón im Jahre 1907, sank in den darauf folgenden Jahren die Produktion in Folge der Ausbreitung von Krankheiten, insbesondere der *Panama Disease*, Schädlingsbefall und der einseitigen Beanspruchung des Bodens. Die Anbaugebiete wurden immer weiter verlagert, bis 1943 keine Exporte mehr über Puerto Limón abgewickelt wurden. Der erste Bananenzyklus endete folglich mit verheerenden sozialen und ökonomischen Folgen. Die beschäftigungslosen Landarbeiter wanderten ab oder besetzten illegal abgelegene ehemalige Bananenflächen und betrieben größtenteils

Subsistenzwirtschaft, während weite Teile der ehemaligen Bananenplantagen mit Sekundärwald überwucherten (vgl. NUHN 2003: 4).

b) der zweite Bananenzyklus

Der zweite Bananenzyklus wurde im Jahr 1958 mit erneuten Exporten von Puerto Limón eingeleitet. Die Regierung Costa Ricas hatte unter der Auflage der Reaktivierung des Bananenanbaus an der Atlantikküste mehreren Anbaugesellschaften Förderungen und Privilegien eingeräumt, die zuerst von der in Honduras tätigen Standard Fruit Co. (SFCO) aufgegriffen wurden. Deren Konzept umfasste die Reaktivierung von zunächst 4000 ha Bananenfläche, wobei ausschließlich die gegen Panama Disease resistente Bananensorte Cavendish eingesetzt wurde. Signifikant für den zweiten Bananenzyklus sind aber vor allem die neuen politischen Akzente sowie technologische Innovationen.

Die in Costa Rica tätigen Produzenten wurden während der 1960er Jahre aufgrund fallender Börsenkurse, Übernahmen und der Bedienung verschiedener Interessen der jeweiligen Eigener stark geschwächt. Diese Situation nutzte der Staat, vor allem in Form des Landreforminstituts ITCO, um besonders die UFCO bzw. Nachfolgerin United Brands zur kostenlosen Rückgabe von Ländereien und Infrastruktureinrichtungen zu bewegen. Dies beseitigte die bodenrechtlichen Hemmnisse für eine weitere Neuerschließung der Region. Ein entscheidendes Merkmal der Strategie war der Einbezug einheimischer Anbauer in das Produktionssystem. Die Vergabe neuer Konzessionen an die Fruchtgesellschaften beinhaltete durchweg die Auflage der Zusammenarbeit mit Kontraktanbauern, die nun zwar das Anbaurisiko zu tragen hatten, jedoch stärker bzw. überhaupt an der Wertschöpfung beteiligt wurden. Außerdem setzte sich ein Wissenstransfer in Gang, da die Exporteure schon aufgrund der Qualitätssicherung anbautechnische Hilfestellung gaben. Während die Kontrolle der internationalen Unternehmen hinsichtlich des Anbaus somit gelang, misslangen Versuche eine eigene Vertriebs- und Vermarktungskette aufzubauen. Aus ökologischer Perspektive ist der stark gestiegene Flächenantrag durch neue Anbausorten erwähnenswert, weil er einerseits eine Expansion der Anbauflächen verlangsamt, andererseits hohe Düngemittel- und Chemikalieneinsätze erfordert (vgl. NUHN 1996: 299).

Insgesamt zeigt das Beispiel der Zona Atlántico in Costa Rica, dass durch die Bodenreform bzw. die staatlichen Eingriffe ein größerer Bevölkerungsteil von den Erlösen aus dem Bananenanbau profitiert. Zwar sind die kleinen und mittelgroßen Betriebe nun der globalen und regionalen Konkurrenz ausgesetzt, die Wanderarbeiter waren dies auf den

Plantagen in letzter Konsequenz jedoch auch. Die beschriebene Vorgehensweise kann also durchaus zu einer Entwicklung führen, die durch lokal angepasste und dennoch auf den Weltmarkt ausgerichtete Produktion den Bauern der Region zu verbesserten Lebensverhältnissen verhilft, und somit den Grundstein für eine Überwindung der Armut darstellt.

5.1.2 Kaffeeproduktion im Südosten Brasiliens

Lange Zeit wurde die räumliche Struktur, die wirtschaftliche, politische, demographische und ökologische Entwicklung Brasiliens durch Kaffeeproduktion und –Export bestimmt. Der räumliche Schwerpunkt der Produktion lag zunächst zwischen Rio de Janeiro und Sao Paulo, bevor sich die Anbaugebiete von Rio aus an der Atlantikküste noch Norden und von Sao Paulo weiter nach Westen ausdehnten. Massiver Raubbau an der Natur, von Sklaven verrichtete Zwangsarbeit und die Bereicherung Weniger stand der wirtschaftlichen Prosperität der ersten Hälfte des 19. Jh. gegenüber. Infolge des Verbots der Sklaverei im Jahre 1888 wurden in großem Umfang Immigranten mitsamt ihren Familien für die Plantagenarbeit angeworben. Die Folge war eine weitere Steigerung der Produktion, so dass Ende des 19. Jh. mehr als die Hälfte der internationalen Kaffeeproduktion aus Brasilien kam. Bereist zu dieser Zeit zeigte sich jedoch, dass trotz gleich bleibenden bzw. steigenden Konsums in den USA und in Europa aufgrund der der Überproduktion die Weltmarktpreise zu sinken begannen. Der Siegeszug des Kaffee hielt in Brasilien jedoch zunächst weiter an und verlor erst mit der Weltwirtschaftskrise 1929 an Dynamik. Das durch die Kaffeeproduktion akkumulierte Kapital war der entscheidende Impuls für die Industrialisierung Brasiliens, dessen wirtschaftliches Zentrum auch heute noch die früheren Hauptanbaugebiete für Kaffee im Bundesstaat Sao Paulo darstellen (vgl. DÜNCKMANN 2002: 38).

Die weitere Ausbreitung des Kaffeeanbaus wurde durch staatliche Lenkung vorangetrieben, jedoch kann für die zweite Hälfte des 20. Jh. ein Rückgang der Anbaufläche festgestellt werden. Intensivierung des Anbaus durch Bewässerung, Einsatz von Hochleistungssorten (jedoch keine gentechnisch veränderten Sorten) und Mechanisierung in allen Verarbeitungsschritten ließen den Ertrag zwischen 1930 und 1996 von 398 kg/ha auf 565 kg/ha steigen. In einigen besonders kapitalintensiven Regionen des *Cerrado*, also der Savannenformation im Zentrum Brasiliens, werden sogar jährliche Hektarerträge von bis zu 2000 kg/ha erreicht.

Eine Vielzahl internationaler Programme die eine Stabilisierung des Kaffeepreises bewirkten sollte, scheiterte aufgrund contraproduktiver Produktionssteigerungen anderer Länder und schließlich an der Aufkündigung von Verträgen durch Brasilien selbst, wie etwa bei der Auflösung des Vertragswerks der International Coffee Organisation (ICO). Seit dem Ende dieser Bemühungen im Jahre 1993 fällt der Kaffeepreis konstant, wobei ein Ende dieses Trends nur bei einer spürbaren Drosselung der weltweiten Produktion zu erreichen wäre.

Für die brasilianischen Schwerpunktgebiete des Kaffeeanbaus können die in der Kaffeeproduktion liegenden Entwicklungschancen aus diesen Gründen als sehr gering eingeschätzt werden. Der zwingend notwendige Produktionsrückgang liegt nicht in der Hand einzelner Regionen, sondern ist ein globales Problem. Ein Lösungsansatz könnte in der Bedienung von Nischenmärkten liegen. Entsprechend der Theorie des 3. Food Regimes kommt es in den Industrieländern zu einer stärkeren Differenzierung der Konsummuster. So zeigt z.B. das beachtliche Wachstum des Gourmet-Kaffee-Marktes sowie des Marktes für Produktion aus kontrolliert ökologischem Anbau in den USA die Potenziale, die in einer Konzentration auf Qualität statt auf Quantität liegen (vgl. DÜNCKMANN 2003: 21). Auch die steigende Nachfrage nach Produkten aus fairem Handel könnte neue Absatzchancen bedeuten. Des weiteren bieten einzelne Märkte Asiens noch ein gewisses Potenzial. Die traditionell eher Tee konsumierenden Japaner wenden sich verstärkt dem Kaffee zu, allerdings ist Vietnam durch seine räumliche Nähe hier eher im Vorteil. Eine nachhaltige Entwicklung der Region wie in Kap. 2 gefordert, könnte jedoch nur durch ein Bündel an Maßnahmen erreicht werden. Ökonomisches Wachstum durch den Agrarsektor ist letztlich nur durch eine Diversifizierung der Produktion zu erreichen. Diese kann aber aufgrund des hohen Kapitalaufwands nicht endogen erfolgen. Oftmals wird hier eine Unterstützung durch Weltbank und IWF gefordert, weil diese Vietnam während der 1990er Jahre massive Hilfe beim Aufbau der Kaffeeproduktion gewährt haben. Andere Vorschläge sehen eine Besteuerung von Gewinnen aus spekulativen Transaktionen an Kaffee-Terminbörsen vor, mit deren Hilfe der Aufbau anderer Produktionszweige finanziert werden soll. Neben dem bloßen Einkommensgedanken spielt jedoch auch die soziale Dimension eine wichtige Rolle. Viele der mechanisierten Betriebe stützen sich fast ausschließlich auf den Einsatz landloser Wanderarbeiter. Eine klein- und mittelbetriebliche Landwirtschaft hingegen würde aufgrund ihrer geringeren Kapitalausstattung eine viel größere Zahl von Arbeitskräften auf dem Land binden, eine Angleichung der Lebensverhältnisse bewirken und einen Ausgleich für die ohnehin überlasteten Ballungsräume des Landes schaffen. Durch Zuweisung von Land und damit legalem Besitz kämen Bauern auch in den Genuss staatlicher Kreditvergabe und anderer Vergünstigungen. Planungssicherheit und die Bereitschaft zu langfristigen Investitionen, also auch zu der dringend notwendigen Diversifizierung der Anbauprodukte, würden steigen (vgl. WEHRHAHN 2002: 11).

Eine umfassende Landreform kann somit als Voraussetzung für eine nachhaltige Entwicklung der heutigen Kaffeeanbaugebiete betrachtet werden. Da jedoch besonders auf dem Land der Besitz großer Ländereien häufig mit politischer Macht verknüpft ist, scheint eine Reform der Besitzverhältnisse sehr utopisch. Der Kaffeeanbau in seiner heutigen Form wird in der beschriebenen Region wohl kaum die eingangs dargestellte nachhaltige Entwicklung begünstigen.

5.2 Nicht-traditionelle Cash Crops

5.2.1 Sojaproduktion in Mato Grosso/Brasilien

Soja gilt im vergleich zu oben beschriebenen Bananen und Kaffee als neues und dynamisches Produkt auf dem globalen Markt. Seit Mitte der 1960er Jahre förderte Brasilien zur Initiierung einer exportorientierten Agrarindustrialisierung und Modernisierung aktiv den Sojaanbau. Staatliche Kreditvergabe sowie der Aufbau einer nationalen Düngemittel-, Pestizid- und Treibstoffindustrie waren hier wichtige Instrumente. Insbesondere bei der Erschließung neuer Agrarregionen in Südbrasilien spielte Soja die entscheidende Rolle und geriet zu einem Modell für die Inwertsetzung weiterer, bisher unerschlossener Räume. Im Zuge dieser Entwicklung wurde auch der brasilianische Mittelwesten erschlossen, der sich, angeführt von der Region Mato Grosso mit ca. 28 % der brasilianischen Sojaproduktion, zu einer der wichtigsten globalen Agrargebiete entwickelte. Zwar wurde infolge der Schulenkrise 1982 das staatliche Programm subventionierter Kredite gekürzt, durch garantierte Abnahmepreise, staatliche Lagerhaltung sowie ein offizielles Agrarforschungs- und Beratungszentrum wurde die Produktion im Mittelwesten jedoch weiter ausgebaut (vgl. BLUMENSCHEIN 2004: 34).

Eine umfassende Deregulierung des Marktes trat erst mit dem Plano Collor im Jahre 1990 ein. Privatisierung bei Lagerhaltung und Düngemittelproduktion, Restrukturierung bzw. Auflösung staatlicher Institutionen wie Beratungsbehörden sowie die Öffnung des Marktes durch den Abbau von Handelsschranken waren Teile dieser Reform. Die größte Auswirkung auf die Transformation des Sojasektors hatte allerdings der Abbau der staatlichen

Agrarkredite und Preisgarantien. So erreichten die Volumina öffentlicher Kredite für die Anbauvorfinanzierung in der Mato Grosso im Jahre 1999 nur noch ca. 50 % des Wertes von 1983. Das notwendige Kapital wird nun vor allem von agroindustriellen Firmen mit Hilfe von Terminkontrakten an der Chicagoer Börse bereitgestellt, was die zunehmende internationale Verflechtung der Sojaindustrie verdeutlicht. So wurden im Jahr 2002 50% der nötigen Vorfinanzierung durch Termingeschäfte an der Börse abgedeckt. Die zunehmende Abhängigkeit von privatem Kapital wurde begleitet von steigendem Einfluss privater Seite auf die Agrarforschung, was in der gesetzlichen Anerkennung von Saatgutpatenten im Jahr 1997 gipfelte, wodurch vor allem die Position gentechnisch veränderten Saatgutes erheblich begünstigt wurden. In Verbindung mit der Problematik des Anbaus in Monokultur war also insbesondere Mato Grosso immer mehr den schwankenden Weltmarktpreisen ausgeliefert. Die Entwicklung bedeutete vor allem in den Jahren 1995-1997 den Bankrott vieler Anbaubetriebe, was in der Region Mato Grosso aufgrund der überdurchschnittlichen Ausrichtung auf den Sojasektor nicht nur viele Arbeitskräfte freisetzte, sondern auch zu enormen Steuerausfällen führte.

Dieser erhebliche Druck führte jedoch zur Entwicklung von Anpassungsstrategien. Um die mit dem Übergang zum dritten Food Regime verbundene Verwundbarkeit durch die vorhandenen Monostrukturen zu verringern, traten neuartige, netzwerkartige Institutionen in Erscheinung. Wesentliche Impulse gingen hier von Interessensgruppen aus, die sich aus Fazendieros, also Großgrundbesitzern, Agrarforschern, Betriebsmittelhändlern und vor allem den einflussreichen Saatgutherstellern zusammensetzten. Die hieraus entstandenen Forschungsstiftungen sahen es als ihre vordringliche Aufgabe, neue Vermarktungs- und Finanzierungsstrukturen aufzubauen, um die Marktschwankungen abzubauen. Der Aufbau einer auf andere Produkte ausgerichteten diversifizierten Agroindustrie, Generierung und Vermittlung von regional angepasstem Wissen, das grundsätzliche in Frage stellen des vorherrschenden Paradigmas der Landbewirtschaftung sowie die Schaffung von Synergien durch Wissensvernetzung und kooperative Zusammenarbeit mit öffentlichem und privatem Sektor zählten zu den Hauptaufgaben dieser neuen Institutionen. Als konkrete Instrumente sind hier regionale Absatzgemeinschaften für den Weltmarkt, Marktbeobachtung und Agrarberatung, Kreditkooperativen sowie gemeinsame Holdingbanken der Betriebsmittel- und Landmaschinenhersteller zu nennen.

Als Ergebnis dieser Anstrengungen sind verschiedene Neuerungen in der Landwirtschaft Mato Grossos zu erkennen. Die großbetriebliche Landwirtschaft beginnt sich zu diversifizieren, vor allem Geflügelzucht, Baumwoll- und Maisproduktion sind in größerem Umfang anzutreffen, wobei letztgenannte auch in transgener Form auftreten (vgl. BLUMENSCHEIN 2001: 50). Der bisherige Sojaanbau in Monokultur wird vielfach durch eine Anbaurotation ersetzt. Die Schlüsselinnovation bildet hier die Direktsaat, bei der unter Auslassung des Pflügens eine zweite Kultur innerhalb der neunmonatigen Regenzeit angebaut werden kann. Dies führte zu enormen Produktivitätssteigerungen sowohl beim Sojaanbau als auch bei den Zwischensaaten. Eine völlig neue Strategie ist die Umstellung auf biologischen Landbau. Die verstärkte Nachfrage in Industrieländern veranlasste einige Betriebe zur Produktion von Bio-Soja, frei von gentechnisch verändertem Saatgut. Während auf ca. 25 % der Anbauflächen gentechnisch veränderte Sojakulturen angebaut werden (vgl. WEHRHAHN 2002: 11), könnte sich diese Form der Anpassung als Entwicklungsträchtig erweisen.

Bezüglich der Chancen für die regionale Entwicklung lässt sich somit festhalten, dass der Sojaanbau in seiner neuen Form in Verbindung mit diversen anderen Anbauprodukten sowie der Etablierung lokaler Netzwerke und Interessensverbände unter ökonomischen Gesichtspunkten durchaus eine langfristige Chance bietet. Der ökologische Aspekt kann nicht eindeutig beantwortet werden. Zwar wird zunehmend von der Monokultur und damit der vorschnellen Bodendegradierung Abstand genommen, der zunehmende Einsatz gentechnisch veränderter Pflanzen wie Mais, Baumwolle und der Sojabohne selber bietet zwar Einerseits die Möglichkeit höherer Erträge und reduzierten Chemikaliensatzes, birgt aber auch nicht absehbare Gefahren. Bezüglich der sozialen Dimension der Entwicklung kann für den Mittelwesten Brasiliens festgehalten werden, dass die Wohlstandssteigerung in der Region hauptsächlich den nach wie vor dominierenden Großgrundbesitzern sowie den Saatgutherstellern zugute kommt. Die Räume des modernen Agrobusiness können mit ihrer Effizienten Produktion zu den in Kap. 2 erwähnten globalisierten Produktionszonen aufsteigen, während viele Kleinbauern bei der Expansion der Anbaugebiete verdrängt wurden und werden. Diese ziehen sich entweder in periphere Räume zurück oder wandern in die Marginalität der Städte ab (vgl. NEUBURGER 2003: 15).

Von der Entwicklung profitieren somit nur Teilgruppen der Bevölkerung, während die Armut in anderen Schichten zunimmt.

5.2.2 Mangoproduktion in Nordost-Brasilien

Der in Kap. 4.2.4 angedeutete Wandel von Konsummustern in den westlichen Industrienationen führte zur beschriebenen Dynamik des Marktes für Frischobst und exotische Früchte. Der als Problemregion geltende Nordosten Brasiliens erfährt durch gezielte Förderung der Exportproduktion und der Erschließung neuer Anbauflächen auf Bewässerungsbasis in diesem Segment eine ungeahnte Dynamik. Die Region konnte sich zu einem der führenden Anbaugebiete für Mangos entwickeln, die im Jahr 2000 40% der deutschen Mangoimporte lieferte (vgl. FAO 2005b).

Das 1,1 Mio. km² umfassende „Trockenpoligon" im Nordosten gilt aufgrund seiner geringen Jahrsniederschläge von 500 – 800 mm bei hoher Variabilität und langen Trockenzeiten als landwirtschaftliche Problemregion. In Kombination mit einer, auf küstennahe Industriepole ausgerichteten Regionalförderungspolitik, entwickelte sich das „Polígono das Secas" zu einer benachteiligten und von strukturellen Problemen wie extrem ungleicher Landverteilung, Massenarmut und Abwanderung gekennzeichneten Region. Nach langjähriger Vernachlässigung dieses Problemraums wurden Anfang der 1990er Jahre umfassende Planungen zur Förderung der Bewässerung und des tropischen Obstanbaus in dem durch risikoreichen Trockenfeldbau und extensive Weidewirtschaft geprägten Agrargebiet erarbeitet. Während frühere Bewässerungsprojekte vor allem den wirtschaftlich dominanten Gruppen zugute kamen und Kleinbauern und Landarbeitern nicht zu einer Überwindung ihrer Armut verhalfen, verfolgt das Förderprogramm des Landwirtschaftsministeriums einen ganzheitlichen Ansatz der Integration aller Glieder der Produktionskette und damit wirtschaftlicher, sozialer und ökologischer Nachhaltigkeit. So soll durch Investitionen und die damit verbundene Schaffung von Arbeitsplätzen das Armutsproblem gelöst werden. Der ökologische Beitrag soll vor allem in einer Milderung des Bevölkerungsdrucks und der damit verbundenen Übernutzung durch Trockenfeldbau bestehen. Der wichtige Ausbau der Verkehrsinfrastruktur wird mit Anstrengung vorangetrieben; so haben sich der Hafen Natal und der Flughafen Petrolina auf den Obsthandel spezialisiert. Die Kommunikation des Projektes, damit verbundener Anreize und öffentlicher Förderung neuer Unternehmen sowie der natürlichen Gunstfaktoren der Region erfolgte ab Mitte der 1990er Jahre auf zahlreichen Fachmessen im Ausland (vgl. VOTH 2002: 32).

Speziell für den Mangoanbau sind einige Gunstfaktoren zu nennen. Die angepflanzten Sorten sind aus Florida importiert, da die auf dem Binnenmarkt beliebten aromatischen Lokalsorten aufgrund geringer Transportfähigkeit ungeeignet sind. Im äquatornahen semiariden Klima mit niedriger Luftfeuchtigkeit finden die Pflanzen optimale Bedingungen vor, da die Krankheitsanfälligkeit der feuchten Tropen hier nicht gegeben ist (vgl. SICK 1997: 48). Mit Hilfe der Bewässerung kann der Erntezeitpunkt an die Nachfrage angepasst werden, was eine aktive Steuerung der Märkte möglich macht. Innovationen in der Agrartechnik erlauben darüber hinaus ganzjährigen Anbau, was neben Vermarktungsvorteilen vor allem Auswirkungen auf den lokalen Arbeitsmarkt hat: die Saisonalität, und die damit zusammenhängende periodische Arbeitslosigkeit geht zurück. Die relative Nähe zu den Absatzmärkten in Europa, die mit modernen Kühlschiffen in 10-12 Tagen erreicht werden können, sowie der im Gegensatz zu anderen Obst exportierenden Staaten starke Binnenmarkt sind weitere Vorteile der nordost-brasilianischen Anbaugebiete. Durch die Bewässerungswirtschaft konnte der traditionelle Ungunstfaktor des trockenen Klimas somit in einen Standortvorteil umgewandelt werden. Mit dem wasserreichen Rio Sao Francisco war die physisch-geographische Grundvoraussetzung gegeben; chilenische und israelische Fachleute betreuten die ersten Pionierbetriebe in der Region. Größere Unternehmen mit mehreren hundert Hektar produzieren meist zu 70% für den Export und besitzen eigene Verpackungs- und Kühlanlagen. Kleine und mittlere Betriebe bedienen sich oftmals genossenschaftlich organisierter Verpackung und Vermarktung. Dies führt zu einer Mischstruktur, die, im Gegensatz zu oben beschriebenem Sojaanbau, breitere Schichten am Wohlfahrtszuwachs partizipieren lässt. Entstehen konnte dies allerdings nur, weil keine festgefahrenen Landbesitzstrukturen wie in zahlreichen anderen Räumen bestanden. Die Ausweitung des Bewässerungsbaus kann natürlich nicht beliebig vorangetrieben werden. Durch Aufforstung ehemals zerstörter Flächen mit Eukalyptus und Neuanlage von Bewässerungsflächen werden die Wasserressourcen am Oberlauf des Sao Francisco zunehmend beansprucht. Um alle Interessensgruppen hinreichend zu berücksichtigen – hierzu zählt auch der einflussreiche Wasserkraftsektor – ist eine zentrale und langfristige Planung und Politik nötig (vgl. VOTH 2002: 34). So könnte die eingeleitete Dynamik zu einer breiten Verbesserung der Lebensbedingungen in Nordost-Brasilien beitragen, die sowohl ökonomisch und sozial, als auch ökologisch den hier zugrunde gelegten Entwicklungskriterien entspricht.

5.2.3 Schnittblumenproduktion in Kolumbien

Mehrfach ist in dieser Arbeit auf die soziale Komponente von Entwicklung hingewiesen worden. Hinsichtlich der Arbeitsbedingungen steht wohl kaum eine andere Branche Lateinamerikas in einem ähnlich schlechten Ruf wie die Schnittblumenproduktion. Vor allem junge Frauen arbeiten in Nelken- und Rosenplantagen oftmals unter unwürdigen Bedingungen. Folgendes Beispiel zeigt, dass durchaus Instrumente existieren, um die Gewinne aus diesem Wachstumsgeschäft breiter zu verteilen und in gewissem Umfang Armut zu bekämpfen.

Die kolumbianische Exportwirtschaft von Schnittblumen entstand um ca. 1970, was zeitlich mit dem Beginn des 3. Food Regimes einhergeht, und die These des Aufkommens neuer Produkte und der Entstehung neuer Teilmärkte belegt. So wuchs z.B. der Blumenbedarf in Deutschland seit dieser Zeit derart schnell, dass die europäischen Hauptexporteure Italien und die Niederlande die Nachfrage nicht decken konnten(vgl. GORMSEN 1986: 306). Der außerordentlich dynamisch verlaufende Innovationsprozess hatte seinen Ausgangspunkt in der Sabana de Bogotá, einer Hochebene auf ca. 2550 m NN. Mehrere Faktoren begünstigten hier den Aufbau der Blumenproduktion. Die Sabana weist bei einer Größe von rund 1000 km² eine fast völlige Ebenheit auf, was aus der Entstehung aus einem verlandeten See resultiert. Die sehr humusreichen Böden bei gleichzeitig hoch stehendem Grundwasser eignen sich hervorragend für die landwirtschaftliche Nutzung, ein weiterer Gunstfaktor ist das sehr ausgeglichene Klima, dass bei Durchschnittstemperaturen von 12,7°C im Januar und 13,8°C im Mai als „ewiger Frühling" bezeichnet werden kann, und durch somit keine natürliche Vegatationsruhe kennt. Neben diese natürlichen Faktoren tritt die Verfügbarkeit einer großen Zahl von Arbeitskräften. Im schnell wachsenden Bogotá sowie in den umliegenden Dörfern der Hochebene gibt es ein nahezu unbeschränktes Angebot an jungen Frauen, die hauptsächlich in den Blumenplantagen arbeiten. Bezüglich der Besitzstrukturen lässt sich sagen, dass die Mehrzahl der Betriebe unter kolumbianischer Regie steht. In der Anfangsphase der Nelken- und Rosenproduktion begannen Teile der oberen Schicht der Stadt ihre Milchvieh-Estancias in Blumenfarmen umzuwandeln. Aufgrund der hohen Anfangsinvestitionen für Gewächshäuser, Bewässerungsanlagen, Fahrzeuge und Setzlinge, hatten kleinbäuerliche Betriebe hier nur geringe Chancen. Der Trend deutet darauf hin, dass nach einer Experimentierphase in den 1960er Jahren durch US-amerikanische und deutsche Einwanderer die Schnittblumenwirtschaft in der Sabaná de Bogota hautsächlich von kolumbianischem Kapital getragen wird. Auch der netzwerkartige Zusammenschluss der meisten Produzenten im Jahr 1970 zur Asociación Colombiana de Exportadores de Flores (Asocolflores) mit dem Ziel gegenseitiger Information über Exportmöglichkeiten, Anbauformen und Pflanzenschutzmaßnahmen fördert die Unabhängigkeit und verbessert die gemeinsame Position auf dem Weltmarkt. Der herausragende Faktor für die Exportwirtschaft ist jedoch der nahe gelegene Flughafen, der für eine schnelle Ausfuhr der verderblichen Waren unabdingbar ist. Nach Schneiden, Sortieren und Verpacken in Spezialkartons gelangen die Blumen unverzüglich zum Flughafen und werden meist noch in derselben Nacht nach Miami oder Europa geflogen (vgl. SCHWEDE 1992: 37).

Diese Voraussetzungen führten zu einer umfangreichen Expansion der Blumenplantagen, die sich in der Sabaná mittlerweile über mehr als 4000 ha erstrecken. Die Schwerpunktregion profitiert somit auch am meisten von den erheblichen Deviseneinnahmen aus dem Export. Diese machen ca. 5% der gesamten Exporte aus, und lagen im Jahr 1997 bei etwa 550 Mio. US-$. Auch die Beschäftigungseffekte im arbeitsintesiven Blumenanbau sind erheblich. Schätzungen gehen von ca. 75000 direkt Beschäftigen in der Region Bogota aus, was letztlich ca. eine halbe Million Menschen bedeutet, die vom Blumenexport lebt. Neben diesen ökonomischen Effekten sind wiederum die ökologischen und sozialen Komponenten der Entwicklung zu berücksichtigen.

Bezüglich der Umweltbelastung ist festzustellen, dass neben dem überhöhten Pestizideinsatz vor allem der massive Wasserbedarf der Plantagen zu einem Problem geworden ist. Der Grundwasserspiegel ist teilweise bis zu 60m abgesackt, wodurch stellenweise das Wasser aus bis zu 400m Tiefe gefördert werden muss. Schätzungsweise zwei Drittel des gesamten Wasserverbrauchs des Großraums Bogotá gehen auf die Blumenplantagen zurück. Die Versorgung der Stadt und vor allem der umliegenden Dörfer ist somit, trotz der natürlichen guten Voraussetzungen, langfristig durchaus gefährdet, da bereits jetzt die Schadstoffbelastung des Trinkwassers weit über europäischen Höchstwerten liegt (vgl. SCHWEDE 1992: 36).

Problematisch stellt sich nach wie vor die soziale Komponente dar. Hier sind vor allem Lohnniveau und Arbeitsbedingungen zu nennen. Einerseits bietet die Beschäftigung in den Blumenplantagen den Frauen oftmals die einzige Erwerbsquelle, und hat somit natürlich positive Effekte. Andererseits ist die Arbeit durch schlechte Bezahlung, ungeregelte Arbeitszeiten, willkürliche Entlassungen, keine festen Arbeitsverträge, unkontrollierten

28

Chemikalieneinsatz und Missachtung von Gewerkschafts- und Menschenrechten gekennzeichnet. Mangelhafte Schutzkleidung führt oftmals zu Hautproblemen, Augenreizungen, Fehlgeburten und Missbildungen bei Neugeborenen (vgl. MAYER 2004: 50).Eine Chance zur Verbesserung dieser Bedingungen kann das 1999 vereinbarte *Flower Label* Programm sein. Mehre Nichtregierungsorganisationen (NGOs) starteten Anfang der 1990er Jahre aufgrund von Berichten über die schlechten Arbeitsbedingungen in kolumbianischen und ecuadorianischen Blumenplantagen eine Kampagne zur Etablierung eines Schnittblumen-Siegels. Die Prinzipien, nach denen das Siegel vergeben wird, sind von den relevanten Akteuren 1998 im Verhaltenskodex *International Code of Conduct (ICC) for the Production of Cut Flowers* festgelegt. Wesentliche Bestandteile der Forderungen sind: Gewerkschaftsfreiheit, Gleichbehandlung aller Beschäftigten, Verbot von Kinderarbeit unter 15 Jahren, keine Zwangsarbeit, existenzsichernde Löhne, feste Arbeitsverträge, Arbeitszeit von nicht mehr als 48 Wochenstunden, Gesundheitsschutz und Arbeitssicherheit, sowie Reduktion des Einsatzes von Pestiziden und Düngemitteln. Um dem Siegel Glaubwürdigkeit zu verleihen, erfolgt die Kontrolle und die Vergabe an einzelne Betriebe durch ein unabhängiges Gremium aus Produzenten, Gewerkschaften, Handel und NGOs. Hohe Transparenz, Nachvollziehbarkeit der Prüfung und Beteiligung der Öffentlichkeit kennzeichnen die Zertifizierung einzelner Hersteller. Um den Standard zu etablieren, ist eine weitere Sensibilisierung von Handel und Verbrauchern nötig. Während für die Hersteller aufgrund von Imagegewinn und höheren Preisen durchaus eine Motivation für die Umstellung auf nachhaltiges Wirtschaften erkennbar ist, befürchtet der Handel eine Diskriminierung nicht zertifizierter Zulieferer. Auch für den Verbraucher stellt das Label noch keine optimale Lösung dar, da nicht einzelne Blumen, sondern lediglich Blumenläden einen Hinweis auf das Label besitzen. Trotzdem weisen Verbraucherorganisationen auf die Erfolge des Labels hin, da in den Blumenplantagen erste Veränderungen bei Lohnniveau, sozialer Sicherung und Gesundheitsschutz zu erkennen sind (vgl. MAYER 2004: 52).

Diese kurze Beschreibung zeigt, dass die sukzessive Etablierung von Umwelt- und Sozialstandards einen wichtigen Beitrag für eine nachhaltige Entwicklung liefern kann, für die allerdings ökonomisches Wachstum als Grundvoraussetzung zu sehen ist.

6 Bewertung der Ergebnisse

Wie die Ausführungen verdeutlichen, bietet der Anbau von Cash Crops durchaus Entwicklungschancen. Mit den neuen Strukturen des 3. Food Regimes hinsichtlich veränderter Konsummuster in den Industrieländern entstanden neue Märkte und Nischen. Der sprunghaft steigende Handel mit Mangos und Schnittblumen verdeutlicht dies beispielhaft. Gleichzeitig stagniert der Konsum traditioneller Cash Crops wie Kaffee, wodurch sich Anbauregionen wie der brasilianische Bundesstaat Sao Paulo massiven Problemen gegenübergestellt sehen. Eine möglichst schnelle Diversifizierung der Anbau- und Exportpalette bzw. Das Ausweichen auf neu entstehende Nischenmärkte können hier Lösungsansätze sein. Insbesondere Das Beispiel der Zona Atlántica in Costa Rica zeigt, wie eine aktive Rolle des Staates bei der Landfrage zu einer breiteren Verteilung der Einkünfte aus dem Export von Cash Crops führen kann.

Soll die angestrebte Entwicklung ländlicher Räume wirklich nachhaltig sein, müssen die Anstrengungen in Richtung weiterer umfassender Landreformen gehen. Nur mit einer gleichmäßigeren Besitzstruktur lassen sich die drei beschriebenen Dimensionen gleichwertig berücksichtigen.

Die fünf vorgestellten Beispiele zeigen stellvertretend für die Agrarräume Lateinamerikas, dass die Entwicklung zu affected global cities, also globalisierten Produktionszonen, besondere Anforderungen an die Regionen stellt. Ausrichtung an aktuellen Konsummustern in den Importländern und effiziente Produktion von Cash Crops für den Weltmarkt können die ruralen Räume in der Entwicklung eher voranbringen, als der aussichtslose Versuch einer nachholenden Industrialisierung, wie in Modernisierungstheorien gefordert.

Literaturverzeichnis

ANDERSEN , U. (2005a): „Entwicklungsländer – Gemeinsamkeiten und Unterschiede". In: *Informationen zur politischen Bildung* Heft 286, S. 22-38. Bonn.

ANDERSEN, U. (2005b): „Entwicklungsdefizite und mögliche Ursachen". In: *Informationen zur politischen Bildung* Heft 286, S. 7-21. Bonn.

ARROYO, G. ET AL. (1985): *Transnationale Gesellschaften und die Landwirtschaft in Lateinamerika.* Kassel.

ATKINS, P. u. BOWLER J. (2001): Food in Society. Economy, Culture, Geography. London

BENDER, H. U. et al. (2001): *Fundamente.* Stuttgart.

BERNHARD, J. (1990): „Methoden und Projekte der Gentechnologie in der Pflanzenzucht". In: ALTNER, G. ET AL. (Hrsg.): *Gentechnik und Landwirtschaft – Folgen für Umwelt und Lebensmittelerzeugung.* Karlsruhe.

BLUMENSCHEIN, M. (2001): *Landnutzungsveränderungen in der modernisierten Landwirtschaft in Mato Grosso, Brasilien. Die Rolle von Netzwerken, institutionellen und ökonomischen Faktoren für agrarwirtschaftliche Innovationen auf der Chapada dos Parecis.* (=Tübinger Beiträge zur Geographischen Lateinamerika-Forschung, Heft 21).

BLUMENSCHEIN, M. (2004): „Deregulierung in der brasilianischen Sojawirtschaft – Innovation oder Stagnation? Das Beispiel Mato Grosso (Brasilien)". In: *Geographische Rundschau* 56, Heft 11, S. 34-40.

BOHLE, H. G. u. GRANER, E. (1997): „Arme Länder – Reiche Länder – Untersuchungen über Nachhaltigkeit und den Reichtum der Nationen". In: *Geographische Rundschau* 49, Heft 12, S. 735-742.

BORCHERT, C. (1996): *Agrargeographie.* Stuttgart.

COY, M. u. NEUBURGER, M. (2002): „Brasilianisches Amazonien – Chancen und Grenzen nachhaltiger Regionalentwicklung". In: : *Geographische Rundschau* 54, Heft 11, S. 12-20.

DÜNCKMANN, F. (1998): „Die Landfrage in Brasilien". In *Geographische Rundschau* 50, Heft 11, S. 649-654.

DÜNCKMANN, F. (2002): „Kaffee in Brasilien – Historische Entwicklung und heutige Situation". In: *Geographische Rundschau* 54, Heft 11, S. 36-42.

DÜNCKMANN, F. (2003): „Nachhaltige Exportwirtschaft durch Umweltstandards? Neue Handelsstrukturen auf dem US-amerikanischen Kaffeemarkt". In: *Erdkunde* 57, 2003.

31

DÜNCKMANN, F. (2004): „Plantagen im Weltwirtschaftssystem heute". In: *Geographische Rundschau* 56, Heft 11, S. 4-9.

FAO (Hrsg.) (2005a): *Status of research and application of crop biotechnologies in developing countries.* URL: ftp://ftp.fao.org/docrep/fao/008/y5800e/y5800e00.pdf Abrufdatum (28.05.2005).

FAO (2005b): Agricultural Data. URL: http://faostat.fao.org/faostat/collections?version= ext&hasbulk=0&subset=agriculture (Abrufdatum: 05.06.2005)

FEDER, E. (1973): *Agrarstruktur und Unterentwicklung in Lateinamerika.* Frankfurt/Main.

GORMSEN, F. (1986): „Der Flughafen als Standortfaktor für den Blumen-Anbau am Beispiel von Kolumbien". In: *Erdkunde,* Band 40, S. 305-317.

GUTBERLET, J. (2002): „Auflösung kleinbäuerlicher Landwirtschaft in Mato Grosso (Brasilien)". In: *Geographische Rundschau* 54, Heft 11, S. 22-26.

HILL, K. u. WESTFECHTEL. A. (1997): „Rohstoffe und Produkte der Oleochemie". In: *Bio- und Gentechnik in der Züchtung für nachwachsende Rohstoffe, eine Chance für künftige Generationen?* (=Schriften der Hessischen Akademie der Forschung und Planung im ländlichen Raum, Band 16). Kassel.

KATHEN, A. (1996): *Gentechnik in Entwicklungsländern. Ein Überblick: Landwirtschaft.* Berlin.

KOCH, E. (1997): *Internationale Wirtschaftsbeziehungen – Band 1 Internationaler Handel.* München.

LEISINGER, K. M. (1991): *Gentechnik für die Dritte Welt? Hunger, Krankheit und Umweltkrise – eine moderne Technologie auf dem Prüfstand entwicklungspolitischer Tatsachen.* Basel.

LESER, H. (Hrsg.) (1997): *DIERCKE Wörterbuch Allgemeine Geographie.* München.

MAYER, C. (2004): „Das Schnittblumen-Siegel – Beispiel für Umwelt- und Sozialstandards auf dem Weltmarkt". In: *Geographische Rundschau* 56, Heft 11, S. 49-52.

MENRAD, K. ET AL. (2003): *Gentechnik in der Landwirtschaft, Pflanzenzucht und Lebensmittelproduktion. Stand und Perspektiven.* Heidelberg.

NEUBURGER, M. (2003): „Neue Armut im ländlichen Brasilien – Kleinbäuerliche Familien in einer globalisierten Welt". In: *Geographische Rundschau* 55, Heft 10, S. 12-19.

NEVERS, P. (1992): *Gentechnik in der Pflanzenzüchtung.* München.

NUHN, H. (1996): „Mittelamerika – Bananenanbau". In: *Diercke Handbuch*, S. 299-300.

NUHN, H. (1994): „Bananenerzeugung für den Weltmarkt und die EG-Agrarpolitik". In: *Geographische Rundschau* 46, Heft 2, S. 80-87.

NUHN, H. (2003): „Der zweite Bananenzyklus in der Zona Atlántica Costa Ricas – von der traditionellen Plantagenwirtschaft zum Kontraktanbau und zur ökologischen Modernisierung". In: *Erdkunde*, Band 57, 2003.

SCHOLZ, F. (2003): „Globalisierung und „neue Armut"". In: *Geographische Rundschau* 55, Heft 10, S. 4-10.

SCHOLZ, U. (2004): „Ölpest im Regenwald. Der Ölpalmenboom in Malaysia und Indonesien". In: *Geographische Rundschau* 56, Heft 11, S. 10-17.

SCHWEDE, D. (1992): „Blumen aus Kolumbien". In: *Praxis Geographie* Heft 01/1992, S. 35-37.

SICK, W.D. (1997): *Agrargeographie.* Braunschweig.

SOMMERHOFF, G. U. WEBER, C. (1998): *Mexiko.* Darmstadt.

STAMM, A. (1997): „Handelsliberalisierung: Exportchancen für die Kleinbauern der Dritten Welt? – Das Beispiel Zentralamerika". In: *Geographische Rundschau* 49, Heft 3, S. 144-149.

THIELEN, H. (1985): *Agrarreformen in Lateinamerika zwischen Ökonomie und Ökologie – Modellfall Nicaragua.* Karlsruhe.

VOTH, A. (2002): „Bewässerung und Obstanbau in Nordost-Brasilien – Neue Dynamik in einer Problemregion". In. *Geographische Rundschau* 54, Heft 11, S. 28-35.

WALDMANN, P. (2000): „Entwicklungsprobleme der Landwirtschaft". In: *Informationen zur politischen Bildung* Heft 226, S. 30-38. Bonn

WALDMANN, P. u. NOLTE, D. (2000): „Bevölkerungsentwicklung und Verstädterung". In: *Informationen zur politischen Bildung* Heft 226, S. 23-30. Bonn

WEHRHAHN, R. (2002): „Brasiliens Wirtschaftsräume unter dem Einfluss der Globalisierung". In: *Geographische Rundschau* 54, Heft 11, S. 4-11.

WELTBANK (Hrsg.) (2005): *Weltentwicklungsbericht 2005. Ein besseres Investitionsklima für jeden.* Washington – Düsseldorf.